世界五千年
科技故事丛书
卢嘉锡题

《世界五千年科技故事丛书》
编审委员会

丛书顾问　钱临照　卢嘉锡　席泽宗　路甬祥
主　　编　管成学　赵骥民
副 主 编　何绍庚　汪广仁　许国良　刘保垣
编　　委　王渝生　卢家明　李彦君　李方正　杨效雷

世界五千年科技故事丛书

分子构造的世界

高分子发现的故事

丛书主编　管成学　赵骥民

编著　王　兵

吉林出版集团｜吉林科学技术出版社

图书在版编目（CIP）数据

分子构造的世界：高分子发现的故事 / 管成学，赵骥民主编.
-- 长春：吉林科学技术出版社，2012.10（2022.1重印）
ISBN 978-7-5384-6126-8

Ⅰ.①分… Ⅱ.①管… ②赵… Ⅲ.①高聚物－普及读物 Ⅳ.
①063-49

中国版本图书馆CIP数据核字（2012）第156273号

分子构造的世界：高分子发现的故事

主　　编	管成学　赵骥民
出 版 人	宛　霞
选题策划	张瑛琳
责任编辑	张胜利
封面设计	新华智品
制　　版	长春美印图文设计有限公司
开　　本	640mm×960mm　1/16
字　　数	100千字
印　　张	7.5
版　　次	2012年10月第1版
印　　次	2022年1月第4次印刷

出　　版	吉林出版集团
	吉林科学技术出版社
发　　行	吉林科学技术出版社
地　　址	长春市净月区福祉大路5788号
邮　　编	130118
发行部电话 / 传真	0431-81629529　81629530　81629531
	81629532　81629533　81629534
储运部电话	0431-86059116
编辑部电话	0431-81629518
网　　址	www.jlstp.net
印　　刷	北京一鑫印务有限责任公司

书　　号　ISBN 978-7-5384-6126-8
定　　价　33.00元
如有印装质量问题可寄出版社调换
版权所有　翻印必究　举报电话：0431-81629508

序　言

十一届全国人大副委员长、中国科学院前院长、两院院士

放眼21世纪，科学技术将以无法想象的速度迅猛发展，知识经济将全面崛起，国际竞争与合作将出现前所未有的激烈和广泛局面。在严峻的挑战面前，中华民族靠什么屹立于世界民族之林？靠人才，靠德、智、体、能、美全面发展的一代新人。今天的中小学生届时将要肩负起民族强盛的历史使命。为此，我们的知识界、出版界都应责无旁贷地多为他们提供丰富的精神养料。现在，一套大型的向广大青少年传播世界科学技术史知识的科普读物《世

序 言

界五千年科技故事丛书》出版面世了。

由中国科学院自然科学研究所、清华大学科技史暨古文献研究所、中国中医研究院医史文献研究所和温州师范学院、吉林省科普作家协会的同志们共同撰写的这套丛书，以世界五千年科学技术史为经，以各时代杰出的科技精英的科技创新活动作纬，勾画了世界科技发展的生动图景。作者着力于科学性与可读性相结合，思想性与趣味性相结合，历史性与时代性相结合，通过故事来讲述科学发现的真实历史条件和科学工作的艰苦性。本书中介绍了科学家们独立思考、敢于怀疑、勇于创新、百折不挠、求真务实的科学精神和他们在工作生活中宝贵的协作、友爱、宽容的人文精神。使青少年读者从科学家的故事中感受科学大师们的智慧、科学的思维方法和实验方法，受到有益的思想启迪。从有关人类重大科技活动的故事中，引起对人类社会发展重大问题的密切关注，全面地理解科学，树立正确的科学观，在知识经济时代理智地对待科学、对待社会、对待人生。阅读这套丛书是对课本的很好补充，是进行素质教育的理想读物。

读史使人明智。在历史的长河中，中华民族曾经创造了灿烂的科技文明，明代以前我国的科技一直处于世界领

序 言

先地位，涌现出张衡、张仲景、祖冲之、僧一行、沈括、郭守敬、李时珍、徐光启、宋应星这样一批具有世界影响的科学家，而在近现代，中国具有世界级影响的科学家并不多，与我们这个有着13亿人口的泱泱大国并不相称，与世界先进科技水平相比较，在总体上我国的科技水平还存在着较大差距。当今世界各国都把科学技术视为推动社会发展的巨大动力，把培养科技创新人才当做提高创新能力的战略方针。我国也不失时机地确立了科技兴国战略，确立了全面实施素质教育，提高全民素质，培养适应21世纪需要的创新人才的战略决策。党的十六大又提出要形成全民学习、终身学习的学习型社会，形成比较完善的科技和文化创新体系。要全面建设小康社会，加快推进社会主义现代化建设，我们需要一代具有创新精神的人才，需要更多更伟大的科学家和工程技术人才。我真诚地希望这套丛书能激发青少年爱祖国、爱科学的热情，树立起献身科技事业的信念，努力拼搏，勇攀高峰，争当新世纪的优秀科技创新人才。

目　录

原子，分子，大分子/011
康达明发现野生橡胶树/016
法拉第等人的分子式/022
"工业蚕"吐丝了/027
博士的困惑/032
大分子的世界/036
魂牵梦萦高分子/040
"锦纶"、"尼龙"隆重登场/045
卡洛泽斯加盟杜邦/048
备受青睐的"尼龙-66"/052
假象牙的故事/056
竞技场上德国领先/061
金光灿烂的诺贝尔奖/064

目 录

人造"金羊毛"问世/068

塑料王国的"无冕之王"/074

中国科学家的骄傲/079

现代生物学的建立/085

光纤通讯显神威/092

歪打正着结硕果/098

功能服饰放异彩/104

高分子材料姓"高"/107

人类生命的"护卫神"/110

走进高分子新时代/114

原子，分子，大分子

"原子"，是古希腊文化的产物。

古希腊一位名叫德谟克利特的圣人，最早天才地猜测：宇宙间的万物都是由"原子"构成的。

"原子"一词来源于古希腊语，意思就是最微小、坚硬、不可再分的物质粒子。德谟克利特及其追随者认为，万物是原子的堆积，其所以不同，是由于万物本身的原子的数目、形状和排列次序不同而形成的。

19世纪，英国科学家道尔顿确立了科学的原子理论，推动了人类科学的进步。

19世纪下半叶，意大利科学家阿佛伽德罗·康尼查罗及法国科学家杜马等人，确立了分子的概念，建立了科学的分子理论：

分子是由一个或几个原子组成的物质最小微粒之一，它的质量等于组成原子质量之和。

一般分子的分子量是在几十或百以内的，称为小分子。由于科技的进步，人们发现了存在着一类"特殊的分子"，它们的分子量极大，从几千到几千万不等，结构也很独特，是巨大的分子集群结构。这个大分子集群结构，科学家们称它为"高分子"。

高分子一般包括橡胶、塑料、纤维以及生命蛋白质和核酸等。前一部分构成了现代化学工业的基本主体，后者是现代生命科学的重要部分。因此，高分子科学是现代科学技术最复杂最重要的领域之一。

自古以来，高分子就与人类生活密切相关，无论是作为食物的蛋白质、淀粉，还是作为织物的棉毛丝、蚕丝以及纸张、桐油、虫胶等，都是天然高分子物质。

用蚕丝制造纺织物，是中国古代著名的传统技术。利用麻类或竹质纤维造纸，是我国祖先们伟大的发明创造。中华民族最早开发和利用桐油和大漆作为涂料。我国古人制作的漆器流传至今，仍然光彩照人，令今人惊叹不已。在著名的丝绸之路上，我国古代生产的美艳华贵的丝绸以及桐油、漆类、纸张等，绵亘万里通过波斯、阿拉伯，传遍了全世界。

印度是天然树脂虫胶的主要产地，金碧辉煌的泰姬玛哈尔陵建筑物的许多精美装饰物，就是用天然高分子虫胶粘贴上去的。

古埃及人最早发现了天然树脂与油漆的用途。出土的著名的木乃伊，显示出聪慧的埃及先民早已使用了各种树脂和油漆作为黏合剂和敷料。

从人类文明史可以看到，人们在生产实践与生活中，早已自觉或不自觉地与天然高分子打交道。

然而，现代科学技术的发展，却给高分子披上了一层神秘的面纱。一提到高分子科学，人们就感到奇妙、高不可攀，使不少的人对高分子敬而远之。

其实，高分子就在我们的身边。

康达明发现野生橡胶树

人类对高分子的探索，可以追溯到遥远的古代。

根据早期的历史记载，在公元11世纪的中美洲，有人在洪都拉斯附近发掘出"橡胶球"，引起了人们的极大兴趣，称它为"魔球"。据猜测，洪都拉斯"魔球"是印第安人嬉戏时的玩具，也可能是业已消失的玛雅文明的宫廷遗物。自此，人们就开始探究形成这种"魔球"的物质。欧洲著名探险家克里斯托弗·哥伦布在1493—1496年第二次航海至拉丁美洲的海地时，善良热情的海地人载歌载舞地欢迎从远方来的客人。哥伦布和姑娘们表演了玩"魔球"的舞蹈和杂耍的节目，一位热情的印第安女郎送给他一只玩具"魔球"。

哥伦布在航海日志里，详细地记述了"魔球"的神奇。回国后，他把"魔球"献给了西班牙国王。

1536年，哥伦布的后人以"血与火"的暴力征服了美洲。

此后，欧洲作家恩希拉在他的著作《新世界记》中描述了在巴西、圭亚那以及秘鲁等地，有人用粗糙的橡胶制作生活用品，如容器、防雨布和雨鞋等的情况。

汹涌澎湃的亚马孙河，像一条横卧在南美洲的巨龙，是世界最大的河流。亚马孙河流域，雨水丰沛，阳光充足，葱郁的热带雨林，占整个地球森林覆盖面积的一半以上，被生态学家称为"地球的肺叶"。玛雅人、印第安人曾经在这里创造过辉煌的古代文明，留下了玛雅人文明的遗迹。

1735年，法国科学院向美洲派遣了科学探险队，深入考察美洲的自然资源情况。科学家康达明（C.M.Condamine）在南美洲的亚马孙河谷首次发现了野生橡胶树。

"橡胶（Caoutchouc）"一词出自印第安语，意思是"树的眼泪"。

康达明研究天然橡胶的成果传出以后，在欧洲掀起了一场研究天然橡胶的热潮。

橡胶树中最优秀的品种是大戟科海维亚巴西橡胶，俗称巴西橡胶。

天然橡胶是高分子化合物，它具有相同的化学结构单体，经过自然界神奇的聚合反应，将化学键连接在一起，形成大分子化合物，它具有优良的性能，适合工业生产和人们日常生活各方面的需要。

1861年，英国人在其殖民地印尼爪哇岛西部试种了桑科橡胶树。后来发现桑科橡胶树产量和质量都较差，利用价值很有限，最后便放弃了。

1876年，英国商人魏克海姆，漂洋过海来到巴西采集橡胶树种，巴西热带雨林中到处留下了他的足迹。他以热血、眼泪和汗水终于搜集到数万颗橡胶树种子。他首先将橡胶树种子放在英国植物园培养，然后优选生命力旺盛的树苗，移植到气候适宜的锡兰（今天的斯里兰卡）、马来西亚、印度尼西亚及泰国等地种植经营。

1899年，在锡兰种植的天然橡胶开始收获，数量仅为3吨。

1910年，在亚洲地区种植的橡胶收成量已达7 000吨，巴西野生橡胶产量则高达10万吨。

至1955年，世界种植橡胶的产量已达200万吨，而原产地野生橡胶的产量却下降为2.7万吨。从此，橡胶园的橡胶成为天然橡胶业的主力军。

到了20世纪70年代，天然橡胶产量为300万吨，其中约50％产于马来西亚，约30％产于印度尼西亚，其余则产于斯里兰卡及泰国等地。亚洲的产量占世界橡胶总产量的90％以上。

法拉第等人的分子式

天然胶乳首先要炼制成固体生胶，然后进入运输和加工过程。人类在利用橡胶的过程中，遇到的第一个难题是如何溶解生胶。

1763年，英国科学家赫雷桑（L.A.Herissant）和法国科学家马凯尔

（P.J.Macquer）二人，分别独立地发现了用松节油和乙醚可以溶解生胶。由于当时松节油和乙醚的产量少、价格高，所以这种新的加工工艺仅停留在实验阶段。

1823年，英国工业实验家姆西托什（C.Macitosh）经过一系列实验，得到了比较满意的溶剂——石脑油。石脑油是工业副产品，价格便宜，其技术参数不亚于松节油和乙醚。

当姆西托什实验成功的消息传出后，大家为之喝彩。然而，以石脑油作为溶剂制成的橡胶制品有一个致命的弱点，就是遇热发黏，遇冷变脆，因而产品销路很有限。

1832年，德国科学家吕德斯多夫（F.Ludersdorff）在寻找更好的生胶溶剂时，将生胶与松节油及其他物质共煮，偶然间他不小心将纯净的硫黄洒入了容器中，谁知竟因祸得福，得到了黏性减小而弹性变强的橡胶制品。1838年，美国科学家古德耶尔（C.N.Goodyear）在实验中证实用松节油、硫黄粉、碳酸铅等物质作为混合溶剂，能制出不黏且富有弹性的橡胶制品，从而形成了较为完善的加工工艺。

这种新的工艺，通常被称为"橡胶硫化"，其实就是橡胶改性。

在一般情况下，天然橡胶分子相连呈线性分子，而在硫黄分子的作用下，线性分子变成网状结构，使橡胶制品既不黏、不脆，又坚韧而富有弹性。

吕德斯多夫与古德耶尔的改进技术，使

人们在探索天然高分子的生产和应用上登上了新的台阶。

在天然橡胶被发现和引进欧洲以后，不少化学家对它的化学成分和结构进行了研究。英国著名化学家法拉第（M.Faraday）早在1826年就对天然橡胶的化学成分进行了分析。他最先揭示天然橡胶是碳元素和氢元素的化合物，并列出它的分子式（$C_5H_{8.8}$）。1838年，法国化学家杜马（J.B.Dumas）列出了更精确的分子式（$C_{4.5}H_8$）。

随后，更多的化学家纷纷投入测定天然橡胶成分的工作。

1860年，威廉斯（G.Williams）通过干馏法确定了天然橡胶的分子式为C_5H_8。1892年，英国化学家蒂尔登（W.A.Tilden）进一步确定天然橡胶为异戊二烯。

对天然橡胶的分子式和名称的确定,揭开了橡胶分子结构的面纱,促进了类似物质的研究。

"工业蚕"吐丝了

近代科学诞生以前，天然纤维除了用于保暖御寒之外，基本上没有别的用途。

众所周知，黑火药是我国古代的一项重要发明。但令人遗憾的是，进一步的研究和应用被外国人走在前头了。

黑火药有许多不足之处，如燃烧力弱，且浓烟不易散去。

1832年，一位名叫勃莱孔诺（H.Braconnot）的科学家在研究硝酸的溶解能力时，有了重大发现：他将长绒棉花用浓硝酸加以处理，然后脱水晾干，这种"硝化棉"具有猛烈的燃烧力，可以制成无烟火药。然而，这一发现被湮没了10多年。

德国化学家申拜恩（C.F.Schonbein）以硝酸、硫酸的混合酸代替当时昂贵的浓硝酸，制成了更为纯净的"硝化棉"，并把它命名为"硝化纤维"。

硝化纤维在二战期间一直是制造无烟炸药的主要原料。

1872年，一位叫海耶特（J.w.Hyatt）的科学家发现在添加了樟脑以后，二硝酸纤维就会变得十分柔韧，容易被加工成型。这就是硝化纤维塑料的雏形。

后来，科学家们把研究的兴趣转向了丝织物。有人对桑树枝进行了试验，经过较复杂的硝化过程后，得到了硝化纤维，再将硝化纤维与乙醚、乙醇混合溶液共同作用，就可以进行抽丝纺线。但由于溶液的可燃性高，致使工艺过程极易引起爆炸，故无法得到实际应用。

尽管如此，人们对以硝化纤维为原料可以制成与天然蚕丝相似的丝，产生了极大的兴趣。

1884年，在英国伦敦的工业博览会上，人们看到一种"人造丝"产品的外观和手感极像蚕丝，都惊呆了。

1885年，法国工程师夏东奈特（H.Chardonnet）以硝化纤维为原料，运用硫氢化氨脱硝，制成了安全的人造丝，并于1889年建成了世界上最早的人造丝工厂，其产品于当年的巴黎工业博览会上展出，引起了极大轰动。

1892年，英国工程师克劳斯（C.F.Cross）和贝万恩（E.Bevan）以人造丝光纤维为原料，研制新的人造丝。他们通过二硫化碳溶解，先抽丝，再脱硫，终于制成了黏胶纤维。这种纤维既有丝的光泽，又富有天然丝的拉伸性，性能远优于人造硝化纤维，其产品也很快就受到消费者的好评。

1900年，英国建起了一座年产1 000吨的人造丝工厂。后来实验研究又发现，用木桨作为生产原料，可以使生产成本降低许多。1920年，英国的人造丝厂年产量已达到1 500吨。直到今天，黏胶纤维仍在生产汽车轮胎、玻璃纸等方面继续使用。

通过对天然纤维的化学改性研究，人们比较深入地了解了天然高分子的结构和属性，也为后来的高分子合成奠定了理论基础。

博士的困惑

德国的阿道夫·冯·拜尔（A.V.Baeyer）是一位著名的有机化学家，是推动高分子合成的重要人物。

拜尔1835年10月31日生于柏林。父亲原是职业军官，但十分喜爱科学，年过半百还孜孜不倦地学习地质学，后来以76岁高龄出任柏林皇家地质研究院院长。父亲的勤奋好学给幼年的拜尔以深刻的影响，促使他走上了科学探索之路。

拜尔早年在海德堡大学学习化学，获博士学位，曾在凯库勒实验室工作过，后一直任教，成为德国最著名的有机化学家。他是第一个研究靛蓝（有机染料）性质与结构的化学家，对有机化学结构研究很有造诣。更为重要的是，他在有机化学合成方面，引导人们走进了合成有机高分子的殿堂。

拜尔虽具有很强的观察能力和非凡的实验技能，善于理论思维，为人却十分谦虚。

1872年的一天，拜尔在进行有机合成的实验，做苯酚和甲醛的反应。由于反应条件不具备，酚和醛并不发生变化。后来，由于不小心洒入了少量的酸，竟然使化学反应出现了奇迹：原来澄清透明的酚醛液体，瞬间变成了树脂状物质。

这种树脂状物质既不溶于水，又不怕火烧。为了分析这一不速之客的成分，拜尔大伤脑筋。

1905年，拜尔博士获诺贝尔化学奖，成为该奖项颁发以来第5位荣膺者。但是，拜尔始终没有解开这个"树脂之谜"。他将这一怪异现象记入了他的科学著作，希望后继的化学家们能研究出成果来。不少化学家摩拳擦掌，要解开"拜尔之谜"。

一位名叫克莱贝格（W.Kleebery）的化学家用浓盐酸处理"拜尔树脂"，得到了一种多孔性物质，打开了酚醛合成物研究的一个小缺口，但最终因无法结晶提纯它而中止了研究。

不少化学家也在进行这方面的研究，虽然历尽艰辛，但结果却皆不尽如人意。

1907年，美国科学家贝克兰（L.Beakeland）深入研究了苯酚与甲醛的反应，通过调控化学反应条件，成功地实现了酚醛树脂的控制模塑，并发明了加入木粉以提高其韧性的工艺。

这种加入木粉的酚醛树脂，就是人们俗称的"电木"。由于它具有高性能的绝缘功能，适合于制作绝缘器材，在电器行业广泛应用并得到好评。

大分子的世界

19世纪中叶,人类虽然对天然高分子物质有了一些认识,并逐步发展起一些人工合成如酚醛树脂之类的工业,但这些成果和产品还只是停留在"经验阶段",对高分子的微观结构和性质,仍缺乏理论上的解释。

1906年，德国化学家费歇尔（E.Fisher）在多年研究蛋白质的基础上，提出蛋白质是平均分子量在1 000以上的多肽结构，引起了人们很大的兴趣。

接着，科学家们又对纤维素、淀粉等进行了深入研究，奇迹接踵而至。

卡斯拜瑞（W.A.Caspari）是英国化学家，起初，他的研究兴趣主要在电化学方面，后来，他对分子量巨大物质的化学研究也产生了兴趣，便加入了大分子世界的探索，创造了用测量橡胶稀溶液的渗透压的方法测定其分子量的技术，为高分子科学的建立带来了曙光。

经过几个月的精心测定，卡斯拜瑞积累了大量的数据，通过渗透压法公式计算，测出橡胶的平均分子量为10万。当时的结果使他大吃一惊，简直不敢相信自己的结论。

重新测定计算的结果，还是以10万为单位的分子量，而且实验误差几乎可以忽略不计。然而，卡斯拜瑞还是将信将疑，迟迟不敢发表自己的实验报告。

后来，人们对其他高分子物质分子量的精确测定同样证明，这一类物质的分子量都大得惊人。在朋友们的催促下，卡斯拜瑞才发表了自己的论文。事后一些化学家们发现，他的测量结果是相当精确的。

越来越多的测定实验雄辩地表明，确实存在着一个分子量很大的大分子世界。在这个世界中，物质都是由大分子构成的。一些小分子借助聚合反应可以形成大分子。

大分子有的以链式分子形式存在，有的以环式结构形式存在，还有网状大分子。它们不仅分子量很大，而且具有小分子物质通常不具备的化学性质，形成了独特的一族。

人们借助对大分子的研究，最终确立了以大分子为研究对象的"高分子科学"，从而跨进了高分子的神奇世界。

现代高分子研究的结果表明，很多高分子的分子量常常是以百万甚至更高的单位来计算的。

魂牵梦萦高分子

  在高分子科学发展史上,不能不提及海曼·斯陶丁格(H.Staudinger)这位伟大的科学家,是他创立了现代高分子科学的理论基础。

  斯陶丁格于1881年3月23日生于德国沃

姆。他从小聪慧过人，喜欢化学，深受德国伟大化学家李比希、维勒等人的影响。他先后在哈雷大学、慕尼黑大学和达姆施塔特大学学习化学，并先后获得卡尔斯鲁厄大学、美因茨大学、萨拉马卡大学、都灵大学、苏黎世大学和斯特拉斯堡大学的博士学位，曾分别在弗赖堡大学等几所学校任教授，后成为世界第一所高分子化学研究所所长，是德国哥廷根、海德堡、哈雷、慕尼黑等地科学院的院士，德国科学界公认的超级精英。1920年，斯陶丁格通过实验研究提出：乙烯的聚合反应可能是链式反应。直到1937年，著名高分子合成大师卡洛泽斯（W.H.Carothers）的助手富洛利（P.J.Flory），才系统地解决了聚合反应的链式机理和动力学问题，从而找到了解开高分子结构及其反应之谜的钥匙。

斯陶丁格经过近10年的研究，终于提出了系统的高分子理论。他提出了化学结构的"单体"的概念，即每个"单体"就是高分子结构中大量重复的最小单位，比如蛋白质大量重复的最小单位是氨基酸，因此氨基酸就是蛋白质的"单体"。

斯陶丁格认为：高分子物质是由具有相同化学结构的单体，经过化学聚合反应将化学键连接在一起的大分子化合物。

1928年，当斯陶丁格在德国物理和胶体化学年会上宣布这一观点时，却遭到了多数同行专家的反对。

1930年，斯陶丁格经过两年的实验验证

后，再次在德国物理和胶体化学年会上阐明了他的高分子理论。同行们终于接受了他的理论。

促使化学界同行们改变看法的关键，是斯陶丁格在研究方法上又有了新的突破。他提出了高分子稀溶液的黏度和它们分子量之间的定量关系。这样，高分子化合物分子量的测定方法也基本形成了。

随后，高分子分子量的测定方法有了很快的发展。1940年，瑞典科学家斯维德贝格（T.Svedberg）设计了测量高分子分子量的超离心法，对深入研究高分子提供了有力的手段。

斯陶丁格用大量实验证明，高分子物质可由低分子物质聚合而成，高聚物是通过普通共价键联系在一起的"大分子",从而为建立高分子理论打下了根基。

1932年,斯陶丁格正式出版了他的《高分子有机化合物》专著。化学家们普遍认为,这是一部指导高分子研究深入化的重要著作。

斯陶丁格的高分子理论,对于高分子材料工业、特别是塑料工业的飞速发展,发挥了无与伦比的作用。

1953年,斯陶丁格荣获了诺贝尔化学奖。

"锦纶"、"尼龙"隆重登场

人类用棉、麻、丝、毛等天然纤维作为纺织材料已有几千年的历史了。在印度、埃及、古罗马和古希腊等国家中,都曾出土极为古老的织物，这些都是古人利用天然高分子纤维的有力证明。在我国长沙马王堆汉墓出土的文物中，仅丝织品就有36种色相，织工精细，纹理整齐，水平甚高。

自然界的生物现象往往会给人类以启示，如蜘蛛吐丝结网、蚕吐丝作茧，都是它们体内的黏液从小口吐出后，遇到空气凝固成丝的。科学家们也在研究如何用人工方法仿制出类似的黏液，通过一个小孔抽出丝来。

我们在前面已经介绍过，19世纪下半叶至20世纪初，在法国、德国、英国都相继制造出人造丝，英国还办起了小型的人造丝工厂。然而，当时的人造丝还是以天然纤维作为原料，属于天然纤维改性的范畴。

实现人工合成纤维的突破，是1939年德国研制的聚酰胺纤维。在我国，人们习惯上称它为"锦纶"。锦纶纤维的韧性和强度远远超过天然纤维，如一双锦纶丝袜的耐穿程度就相当于5双棉袜。

令人遗憾的是，德国科学技术人员的发明成果却被二战的战火吞噬了。制造工厂被毁，一切科技资料也化为灰烬。

1940年，美国杜邦公司首批人造丝袜隆重推向市场。虽然价格昂贵，但由于它具有弹性好、耐磨、超薄等特有性能，一上市就广受妇女们欢迎。当时杜邦公司的广告宣称："比蛛丝还细，比钢丝还结实"。它就是"尼龙－66"。

卡洛泽斯加盟杜邦

尼龙制品一上市就极为畅销,引起轰动。它的发明者是美国杜邦公司研究室主任卡洛泽斯。

卡洛泽斯于1896年出生在美国爱德华州第蒙市。他在上中学时就对化学产生了浓厚的兴趣，同学们称他为"小化学家"。中学毕业以后，他在市立商学院学了一年多的商业课程。1915年秋，19岁的卡洛泽斯离家出走，到密苏里州塔基奥学院主修理科，后在伊利诺斯大学攻读有机化学获硕士学位，接着，在美国著名化学家亚当斯教授的指导下，进行有机化合物还原机理研究，28岁时获博士学位。毕业后，他在伊利诺斯大学当了两年讲师，由于才华出众，很快受聘于著名的哈佛大学。

1927年，美国杜邦公司为了增强竞争的实力，在公司内部建立了一个新机构——基础研究课题组，负责人是查尔斯·斯丁。

1929年，斯丁向公司递交了一份建议书，要求拨款支持基础研究项目。公司领导被斯丁的要求和展望所打动，同意每年拨款25万美元用于基础研究，并且成立了一个实验室。

1929年正是美国经济大萧条时期，杜邦公司拿出这样一笔巨款投入基础研究，是需要有敏锐的眼光和巨大勇气的。

起初，在哈佛大学任教的卡洛泽斯无意进入杜邦公司。在杜邦公司的决心和勇气、斯丁动人的游说面前，卡洛泽斯最终答应了斯丁的邀请。

不久，卡洛泽斯从哈佛搬到了威尔明顿。他对杜邦公司的工作条件非常满意，全力扑在开发合成纤维的研究上。他赞同斯陶丁格的观点，并提出了一套证明的方法，希望从合成高分子多聚物的途径来解决科学难题。

卡洛泽斯到杜邦工作不到两年，他就在实验室制取了氯丁二烯合成橡胶和初试了合成纤维。这两项成果在当时都预示着具有美好的前景。

卡洛泽斯毕竟带有书生气，他想把自己的研究成果及时公之于众。杜邦集团制止他说，这些研究成果属于公司的专利，必须保密。

卡洛泽斯陷入了苦闷。

后来，卡洛泽斯又在多搞基础研究还是多搞应用研究的问题上，与公司执委会发生了冲突。他主张多做基础研究，才能增强公司发展后劲，而公司则追求眼前的利润，支持多做应用研究与开发。

备受青睐的"尼龙-66"

卡洛泽斯虽与上司产生过一些矛盾，但他始终是杜邦公司化学研究实验室的核心和灵魂。

氯丁橡胶，是卡洛泽斯和他的助手科林斯合作研制成功的，后来这种人造橡胶成为杜邦公司的重要产品。

尼龙，也是卡洛泽斯和他的另一名助手希尔共同发明的，它为杜邦公司创造了数十亿美元的巨额利润。

在1929年底，卡洛泽斯及其助手在试制合成的多聚物时，通过蒸馏除水方法，制出了分子量在12 000以上的多聚物。他们发现这种处于熔融状态的多聚物可以拉成纤维，冷却后还可以拉制成更柔韧的高强度纤维。

然而，这种多聚物，在100℃以下时会熔化。经验告诉卡洛泽斯，多聚酰胺的熔点要比多聚酯高。于是，卡洛泽斯与助手希尔又向合成超多聚酰胺进军。

后来，由于公司内部发生基础研究与应用研究之争，使初级的尼龙纤维研究被耽误了几年。1934年3月，卡洛泽斯得到恢复实验研究的机会，他与另一位助手科夫曼合作，制成了一种尼龙多聚物。它与现代尼龙－66十分接近。

为什么人们称尼龙纤维为尼龙－66呢？

原来，当时卡洛泽斯合成的多聚酰胺，分别含有胺和酸的5个和10个碳原子，所以又叫尼龙5－10。卡洛泽斯在他的同事玻尔顿的启发下，再次迈向合成6－6个碳原子的多聚酰胺的道路。

当研究工作已经进展到"令人振奋"的时候，卡洛泽斯却因长期劳累过度而病倒了。

1936年夏天，卡洛泽斯久治不愈的抑郁症进入了危险期。他一向钟爱的妹妹突然去世的消息，更使他的病雪上加霜。1937年4月29日，就在杜邦公司尼龙－66技术专利存档才3周的时候，卡洛泽斯在费城一家旅馆服用剧毒氰化物自杀了，年仅41岁。

尼龙－66是世界上第一次人工合成并在商业上取得巨大成功的人工纤维。它曾在第二次世界大战期间的军事和人们生活方面发挥过重要的作用。

1936年，卡洛泽斯被美国科学院提名推荐为诺贝尔奖候选人。美国伟大的化学家亚当斯称卡洛泽斯是"美国最优秀的有机化学家"。

假象牙的故事

19世纪60年代,英国首都伦敦市场上出现了价格便宜的"象牙"制品。

说它是象牙吧,价格十分便宜,店家说是"跳楼价";说它不是象牙吧,那手感、质地和色泽等又与真的一模一样。当时,伦敦上流社会正掀起一股"象牙热",于是很快便形成了一个销售"热点",绅士淑女们无不谈论这些神奇廉价的"象牙"制品。

原来售卖象牙的商人百思不得其解,派出"间谍"四处刺探,不惜重金贿赂,结果还是茫无头绪。有些人只好自慰地说:"那是东方的象牙。"

十几年过去了,在英国发明家帕克斯死后不久,廉价"象牙"的秘密才逐渐泄露出来。

原来,它确实是地地道道的假象牙!

英国发明家帕克斯(A.Parkes)生于1813年。他从小就是一个善于动脑筋的人,且富有创新意识,动手能力特别强。

一天,他在朋友那里听说一个叫做安地

玛的人制成了一种硝酸纤维，极易爆炸。他也想制备这种新炸药。经过长时间的实验，炸药没有制成，却用硝酸纤维、酒精、樟脑和蓖麻油等混合制成了一种"白色树脂"。它在一定温度和压力下能熔化，生成乳白色像象牙一样的物质，又经过反复实验，竟制成了一种与象牙极为相似的东西。

其实这种假象牙就是乳白色的硬质塑料，属于早期的高分子聚合物。

自然界没有天然塑料，它完全是人工合成的产物。

在帕克斯之后，美国发明家海耶特用硝酸纤维和樟脑制出了改良的产品，1872年推出市场时被命名为"赛璐珞"。它可用来做梳子及其他家用品，后来又用于做照相底片。

"赛璐珞"虽然具有易燃的缺点，但作为一种全新的材料，很受欢迎。因此人们对研究塑料的热情高涨了起来。

最早合成的塑料是酚醛塑料，1910年开始生产。因为酚醛塑料的原料苯酚主要来源于煤焦油，因此产量受到很大限制。

1912年，化学家们发现氯乙烯能够聚合，但热塑加工工艺一直不能过关，直到1928年，才实现了聚氯乙烯与醋酸乙烯的聚合。1935年，美、德等国开始陆续生产聚氯乙烯。1937年，英国卜内门公司采用磷酸酯增塑剂大量生产聚氯乙烯。

聚氯乙烯塑料具有高度耐腐蚀性、绝缘性和一定的机械强度，在工业上有广泛的用途，又由于它受热软化，冷却变硬，可回收重复利用，因此在产量上长期居于塑料品种的首位。

聚氯乙烯塑料的出现，形成了以天然气和石油为主要原料的石化工业。一些品质优良的聚氯乙烯塑料已经开始代替某些钢材。从20世纪70年代起，塑料的产量已经超过了钢铁。人们预言：在21世纪，在许多方面，高分子材料将取代钢铁，正像20世纪钢材取代木材一样。

竞技场上德国领先

在塑料工业生产中，聚氯乙烯的成功与辉煌，促成了人们去开发和研制更加优质塑料的热潮。竞争的激烈程度，犹如奥林匹克竞赛。

美国、德国和英国最早实现了聚氯乙烯

的工业化生产。为了研制更好的增塑剂，他们先后开发了磷酸酯、甲酸酯、氯化石蜡、樟脑素等。

1930年，德国科学家首先实现了聚苯乙烯的生产。它是一种类似玻璃的、质地极脆的塑料。

1934年，美国科学家也研制成功了聚苯乙烯，率先建立了工业化生产中心。

聚苯乙烯与聚氯乙烯相比，有更为良好的绝缘性能，可用于制造电视、雷达等高频绝缘部件。它热塑成型方便，着色鲜艳，可制成漂亮的日用品，所以也很受欢迎。

1933年，英国卜内门公司的科学家弗塞特（E.Fawcett），在研究由乙烯与苯合成生产苯乙醛的工艺时，在反应器壁上发现有白色固体聚合物颗粒。他认定这是乙烯的聚合物，弗塞特及其助手们惊喜若狂。但是，在他们进行重复实验时，由于过高的压力引起了爆炸，造成伤亡事故，弗塞特也因此而受伤。

卜内门公司粗暴地解雇了弗塞特。后来他投奔杜邦公司卡洛泽斯的门下，工作了几年后，因抑郁过度而英年早逝。

自1960年以来，聚乙烯和聚丙烯的产量跃居世界塑料行业的首位，至今仍一直遥遥领先。

目前，我国聚乙烯的年产量已位居世界的前列。

金光灿烂的诺贝尔奖

　　高分子聚合物的出现，改变和丰富了人们的生活。然而，高分子科学技术的进步，却离不开催化剂的开发。

　　所谓催化剂，就是能够改变化学反应速度、改善化学反应条件的一类特殊物质，它本身并不参与化学变化，反应前后其性质保持不变。

在化学史上，对催化剂作出过伟大贡献的科学家，是德国19世纪的奥斯特瓦德和20世纪的齐格勒。

奥斯特瓦德（W.Ostwald）是一个伟大的物理化学家。他在电解质电离理论等领域作出过巨大的贡献。他另一方面的创举，是提出了催化机理的现代理论。他从1884年起，经过长达10年的刻苦研究，于1895年提出了关于催化剂和催化作用的系统理论，使化学催化理论实现了新的飞跃。

齐格勒（K.Ziegler）运用奥斯特瓦德的催化理论，攻克了聚乙烯聚合过程中的难关。

看一个人有无发展的前途，先要看他有无一个明确的决心，更要看他坚持这个决心会有多么恒久，两者都具备时，他的宿命就只有成功了。

1953年，齐格勒首次在催化剂的作用下，实现了常温常压下的聚乙烯合成。他所用的催化剂是以铝、钛为主的有机化合物。1955年，在齐格勒的指导下，世界上第一个低压聚乙烯工厂建成了。

齐格勒的创造，启发了意大利的工业化学家纳塔（G.Natta）。他将齐格勒催化剂的改进型应用于丙烯的聚合反应，获得了高产率、高结晶、耐高温的新型高分子材料——聚丙烯。1957年，意大利实现了聚丙烯的工业化生产。

齐格勒—纳塔催化剂的创造，极大地促

进了高分子材料技术的发展，获得了巨大的经济效益和社会效益。

1963年，为表彰齐格勒和纳塔两人对于高分子科学的重大贡献，他们荣获了当年的诺贝尔奖。

人造"金羊毛"问世

古希腊有个传说,一群神勇无比的勇士,为了找到代表光荣和财富的"金羊毛",不惜冒着生命危险,冲破重重困难,战胜了巨蟒、妖女和魔鬼,最终找到了"金羊毛"。

这个传说告诉人们：如果不付出代价，光荣、幸福和财富是无法得到的。

人工合成纤维的历史，是一部人和自然拼搏的乐章，是现代人寻找"金羊毛"的感人故事。

我们可以把这部历史概括为三部曲。

合成纤维突破的第一步，是聚酰胺纤维（尼龙－66）。它是由美国的卡洛泽斯及其助手富洛利用生命和鲜血浇灌出来的。1937年，卡洛泽斯在研究成功后倒下去了，进一步完善这一成果的化学家富洛利于1974年获得了诺贝尔化学奖。

1939年，德国的施拉克（P.Schlack）制出了聚酰胺纤维，称它为"贝龙"（即尼龙－6），并于1940年正式投入工业化生产。从此，尼龙的生产在各国迅速地发展起来，陆续出现了法国尼龙－11、前苏联尼龙—7以及日本尼龙－9、尼龙－3和尼龙－4等。

第二个合成纤维发展的里程碑是聚酯纤维，我国俗称为"涤纶"。它是1940年由英国化学家万费尔德（T.Whinfield）与狄克逊（J.Dickson）首先合成出来的。由于二战的侵扰，这一重大成果被搁置了10年。直到1950年，英国的卜内门公司才将其实现了工业化生产。

到20世纪70年代，"涤纶"已经成为合成纤维中发展最快、产量最大的品种。

我国在"文革"后期引进了"涤纶"生产线，使涤纶、涤卡、涤棉走俏神州，风靡了10多年。

第三代合成纤维于1951年正式登场，人们称它为合成羊毛。

合成羊毛，是聚丙烯腈纤维的商品名。

早在1893年，化学家们就历尽艰辛地试制出了丙烯腈，后来又从丙烯腈的聚合反应中得到了聚丙烯腈。

但它既不溶于普通溶剂，也不能用增塑剂增塑，因此难于加工。

1939年，一位名叫瑞恩（H.Rein）的化学家取得了用聚丙烯腈制造纤维的专利，但由于产品质量差而没有推广应用。

1942年，瑞恩改用二甲基甲酰作为聚丙烯腈的溶剂，终于得到了较高质量的纤维，从而具备了工业化生产的条件。然而战争打乱了瑞恩的计划。直到1948年，美国杜邦公司才又试产出这种聚丙烯腈纤维，过了3年，即1951年，才正式投入工业生产。

当白亮亮的聚丙烯腈纤维从吐丝口飘落下来的时候，人们都惊呆了！它的耐光性、保温性、弹性都很好，手感柔软细腻，强度比羊毛还要高，价格却比羊毛便宜。

聚丙烯腈纤维一诞生，人们誉称它为合成羊毛。我国俗称它为"奥纶"。

人造羊毛的问世，使天然羊毛黯然失色。

据说，在以盛产羊毛而著称的澳大利亚，牧羊人在看到合成羊毛之后，悲痛地大饮啤酒，准备大量宰杀羊群，改行另谋出路。

"奥纶"是近几十年来发展较快的一种合成纤维，用它制成的衣料、绒毯等，在市场上确实堪与羊毛媲美。

塑料王国的"无冕之王"

　　高分子世界的奥妙，在于它"化腐朽为神奇"。

　　乌黑恶臭的煤焦油，平淡无奇的天然气，经过一系列令人眼花缭乱的化学合成，便奇迹般地变成了纤维、塑料、橡胶等材料。因此，有人称它为"分子变幻魔术"。

合成塑料的历史，就有一段像魔术一样的有趣插曲。

首先从合成有机玻璃的故事说起。1927年，西方市场经济繁荣，各国的公司纷纷扩大投资，盲目地扩大再生产，结果，虚假的繁荣引发了1929年至1936年的全球性经济大萧条。

1927年，德国罗姆—赫斯公司成功地合成了聚甲基丙烯酸甲酯。这种聚酯类塑料的出现，让人们耳目一新。

经过增塑作用，它可以制成平板玻璃。为了区别于传统的硅酸盐无机玻璃，罗赫公司将其称为"有机玻璃"。

有机玻璃耐光，高度透明，质轻，不易

破碎，这些优点是普通玻璃无法比拟的。

当时，杜邦公司把罗赫公司视为竞争对手，千方百计搜集情报。看见罗赫公司大发其财，杜邦公司上下十分眼红。

尤其令杜邦公司气愤的是，罗赫公司竟在美国投资设厂生产有机玻璃，而且生产、销售颇为兴旺。

一向以"化工之母"自称的杜邦公司震动了！

就是在这种受到威胁的情况下，才使杜邦公司下决心每年拨款25万美元，聘请卡洛泽斯等一批专家从事基础研究。

不久，杜邦公司又恢复了活力。在研制成功氯丁橡胶和尼龙－66之后，又把重点转向研究含氟烯烃的合成上。

氟是极为活泼的非金属元素，它能够与烃类产生激烈反应，生成氟化烃。

经过七八年的实验研究，到1938年，杜邦公司实现了四氟乙烯的聚合。

聚四氟乙烯具有神奇的性能：耐高温、耐强腐蚀，即使在200℃高温下还能长时间保持稳定。它确实是当时无敌于天下的塑料。

当杜邦公司正准备加大投资大量生产有机氟塑料时，美国正式参加二战，它的计划被迫"下马"。

直到1949年，美国杜邦公司才实现了有机氟塑料的工业化生产，并将它的商品名戴上"塑料王"的桂冠。

20世纪60年代，他们又研制成功了四氟

乙烯、六氟丙烯，从此氟塑料成了杜邦公司的王牌产品。

中国科学家的骄傲

蛋白质和核酸是一对孪生兄弟,它们是构成生命的重要物质基础。

蛋白质一词来自希腊文(Proteios),意思是生物体中第一的、最重要的。

人类研究蛋白质是从19世纪20年代开始

的。

我们在生活中或许都有这样的经历：蛋白质在酸碱的作用下会分解变质，发出臭味。这就是蛋白质的水解过程。

化学家们从蛋白质水解物中析离出多种氨基酸。氨基酸是组成蛋白质的最基本的单位。

1820年，英国科学家布莱孔诺研究明胶的水解，从水解产物中分离出一种具有甜味的物质，他以希腊文"glycine（甜）"命名。后来，英国科学家桑格（F.Sanger）发现这种"明胶糖"含有氮，是最简单的氨基酸——甘氨酸。同年，布莱孔诺还从肌肉水解物中析离出了亮氨酸，从而开创了人类研究氨基酸的先河。

从此，在科学家们的辛勤劳动下，多种氨基酸相继被发现。

人们从各种类型的蛋白质水解产物中，陆续析离出多种氨基酸，例如：酪氨酸（1849）、丝氨酸（1865）、谷氨酸（1866）、天门冬氨酸（1868）、苯丙氨酸（1881）、丙氨酸（1888）、赖氨酸（1889）、胱氨酸（1889）、精氨酸（1895）、组氨酸（1896）、缬氨酸（1901）、脯氨酸（1901）、羟基脯氨酸（1902）、异亮氨酸（1904）、蛋氨酸（1922）、苏氨酸（1925）……

然而，这些氨基酸是怎样结合成蛋白质的呢？

1902年，费歇尔首先提出了蛋白质的多

肽结构学说，指出蛋白质分子是由许多氨基酸以肽键（即酰胺键）形式结合成的长链高分子化合物。两个氨基酸结合成"二肽"，3个氨基酸结合成"三肽"，多个氨基酸结合成"多肽"。

费歇尔虽然意识到了多个氨基酸构成"多肽"，但没有意识到"多肽"在本质属性上已经不同于氨基酸了，它们具有自我复制、新陈代谢的生命活性。

研究蛋白质的一个关键，是多肽链中氨基酸顺序的测定。英国科学家桑格对此作出了重大贡献。1945年，他发明了一种特种试剂和方法，测定肽链上氨基酸顺序，准确率相当高。

胰岛素是现今已知的蛋白质分子中最小

的一个分子种类，因而是研究蛋白质的极好对象。

1955年，当桑格经过10年试验研究，宣布他已经确定了胰岛素中氨基酸的顺序以后，世界各国的科学家都厉兵秣马，想进行人工合成。

1958年，我国科学家经过反复论证，有组织地联合攻关，攀登人工合成胰岛素的科学高峰。首先进行的是天然胰岛素的拆合工作，然后由小到大逐步人工全合成。经过几年的艰苦奋战，终于在1965年9月，成功地获得了首批用人工方法合成的结晶胰岛素。人工合成的胰岛素晶体形状与天然胰岛素相同，生物活力与天然胰岛素相等，再加上电泳行为、层析行为、酶解图谱以及免疫化学行为等指标，都充分说明了中国科学家所获得的全合成产物的结晶就是结晶胰岛素。

这是桑格的理论发表10年之后，世界上首次人工合成蛋白质取得的辉煌成果，是中国科学家在科学研究方面的一项"世界冠军"。

人工合成胰岛素的成功，使人类在认识生命的本质、揭开生命奥秘的伟大历程中，又向前迈进了一大步。

生命的起源问题始终是一个撩人心弦的科学难题。从无机物到有机物，从一般有机物到生命高分子——蛋白质和核酸，再从生命高分子到生命产生，是生命演进史的几个重要阶段。终有一天，人类会彻底弄清楚生命的真面目。

现代生物学的建立

核酸是另一种重要的生命物质，它的发现比蛋白质要晚约30年。

1869年，瑞士的年轻科学家米歇尔（J.Miescher）在用胃蛋白酶水解脓细胞时，获得一种不同于蛋白质的含磷物质，经过显微镜分析,他称这种含磷物质为"核质"。不久,有人发现"核质"呈酸性,又由于它主要来自细胞核,故称它为"核酸"(蛋白质与核酸复合体)。

这是科学史上公认的最早发现核酸的事实。

后来,科学家们进一步将核酸和蛋白质分离,得到纯粹的核酸。

19世纪末和20世纪初,米歇尔、科塞尔等人先后对核酸的化学成分进行了分析,证明了核酸主要由4种不同的碱基以及磷酸和糖组成。

1910年前后,以科塞尔(A.Kossel)的学生列文(P.Levelle)为首的一批科学家,在美国系统地研究了核酸的化学结构。他们发现核酸中所含的糖不是普通的"六碳糖",而是"五碳糖",即"核糖"。所以核酸又称为"核糖核酸"。

1929年,列文等人又发现有的核酸分子中的核糖脱掉一个氧原子,有的则没有。这是人类首次发现"脱氧核糖核酸"。从此,核酸被区分为"脱氧核糖核酸(DNA)"和"核糖核酸(RNA)"。

列文从1930年开始研究核酸的结构,他和助手们设法局部地水解核酸,终于成功地得到了一系列的核苷酸。它们相当于蛋白质水解得到的氨基酸,是组成核酸的基本单位。

核酸就是由这些核苷酸连接起来的生物高分子。

由于列文等人当时的分析方法不够精确，得出了核酸中4种碱基含量相等的结论，因而推导出"四核苷酸假说"。这个"假说"一直统治了核酸结构研究约20年。这一错误的结论，阻碍了有关核酸的功能与结构的研究，让人们一直以为生命信息的载体是蛋白质。

直到20世纪40年代，核酸的遗传功能得到证明后，学术界才又掀起核酸结构研究的热潮，最终导致分子生物学的建立。

1937年，伟大的物理学家德尔布吕克放弃了原核物理学的研究方向，来到美国转行研究遗传学，决心重新学习做一个生物学家。后来他真的成为了一个伟大的生物学家。

1944年，化学家薛定谔写了一本《生命是什么》的小册子，轰动一时，影响了整整一代人。人们高度评价它是"唤起生物学的小书"。

1952年，英国生物化学家托德（T.Todd）提出列文的"假说"给核酸的研究带来了混乱。与此同时，英国剑桥大学物理学家布拉格父子，拍摄了大量清晰的生物大分子晶体X射线衍射照片。

美国化学家鲍林提出了肽键由于氢键作用而呈现螺旋形的理论。

1953年4月25日，在英国著名的《自然》科学刊物上，以一个版面位置的狭小篇幅，登载了美国科学家詹姆斯·沃森（J.Watson）和英国科学家弗朗西斯·克里克

（F.Crick）两人在英国剑桥大学合作研究的成果——《关于DNA双螺旋结构的分子模型》。

这是人们见到的篇幅最短的一篇论文，然而影响却十分巨大。他们发现了支配所有细胞和生命模式的化学物质——脱氧核糖核酸的构造，被誉为20世纪以来生物学方面最伟大的发现，成为分子生物学诞生的标志。

沃森是动物系毕业生，克里克是学物理的。他们两人在薛定谔《生命是什么》一书的影响下，转向研究生命科学领域，最终做出了惊人的成绩。

沃森和克里克的"DNA分子模型"证实：由于DNA的特殊结构，使它成为生命遗传信息的载体。

沃森和克里克的研究成果，打下了现代生物学的基础。为此，他们两人同时获得了1962年的诺贝尔奖。

光纤通讯显神威

　　现代通讯,是人们赖以生存和发展的重要物质基础与手段。

　　自从1960年第一台"红宝石激光器"问世以来,人们找到了信息容量大、保密性能好、抗干扰能力强和经济实用的信息通讯载体。现代发展最快的形式是"光纤通讯"。

所谓的光纤通讯,就是利用特种的光导纤维,以激光作为载体来传递信息的一种通信方式。

下面,我们讲一讲光导纤维发明和发展的故事。

早在20世纪20年代,一些科学家就提出了利用光学纤维传递信息和图像的大胆设想。

1953年,荷兰科学家范·希尔(V.Heel)发表文章,对涂层纤维的结构、组成及通讯用途进行了有益的推测,引起了学术界的重视。

1954年,美国科学家霍普金斯(H.Hopkins)与卡帕尼(N.Kapany)进行了利用光将图像分解、传送的实验,引起了通讯技术领域的震动。

1955年,华人科学家高锟与他的助手霍克哈姆(J.Hockham)等人,提出以玻璃作为光通讯载体的大胆设想。他们在实验中发现,如果把石英玻璃中的杂质去除,在通讯中降低光的衰减率是完全可能的。高锟等人的重大发现,解决了长期以来令人棘手的光通讯载波问题,在学术界再次引起了轰动!

然而,以普通光作为载波通讯存在许多困难。

1960年,美国科学家梅曼(T.Maimen)成功地制造出世界上第一台激光器。激光是人造光,它的性质非常适合作为载波通讯。

激光的亮度、方向性、单色性等是普通

光不可比拟的。在理论上，一束激光可容纳100亿个通话线路，或同时播送1 000万套电视节目而互不干扰。

激光器出现后，人们立即进行激光通讯实验。但是，实验结果表明，激光受气候和大气中各种因素的影响太大，使其应用和发展受到了限制。

1966年，英国标准通讯公司实验室提出了用玻璃纤维进行激光远距离传输信息的设想。通过实验，他们计算得出光纤的衰减率必须小于20分贝/千米，从而印证了高锟等人的研究成果。

在此期间，企业家们以他们特有的眼光插手进来，投入强大的财力和物力推进光纤通讯的研究和应用。

1970年，美国康宁公司成功地研制出衰减率低于20分贝/千米的纯二氧化硅（石英）光纤；恰好在这一年，光纤通讯激光器也问世了。这两项技术的同时突破，对光纤通讯的应用具有决定性意义。

1972年，日本电子综合研究所制成了以石英为芯子的光纤。1976年，日本电气通讯研究所又研制成每千米损耗仅0.47分贝的超低损耗光纤。

然而，上述光纤都是以石英为基本材料的。制作光纤需要大量纯度很高的石英，而提纯石英需要消耗大量的能源，而且在拉制石英光纤时废品率很高。

就在此时，高分子聚合物光纤登场了。

美国于1970年最早生产出高分子聚合物

光纤，1974年，美国贝尔电话实验室又成功制造出实用的光纤材料。

高分子材料光纤是把光能闭合在纤维中、使光线在芯部沿着聚合物界面折射前进的一种复合材料。它具有优良的光学性能和物理性能，是实现光纤通讯的理想材料。

现代的通讯领域里，玻璃光纤业已取代了传统的铜质电缆。但从近几年的发展趋势看，塑料光纤、聚合物光纤又大有取代玻璃光纤的势头。

歪打正着结硕果

世界真奇妙，高分子世界更奇妙！

在20世纪80年代初期，导电聚合物还是实验室的珍品。不到10年，导电塑料已经逐渐达到工业实用的程度，具有广泛的市场前景。

有趣的是，导电聚合物的发现，纯粹出自于一次偶然的错误。

20世纪70年代初，日本东京工业大学理工研究所一切如常。一位名叫大郎的研究生正在进行乙炔聚合多炔的实验。

那天，大郎的女朋友邀请他一同前去观赏樱花，电话催促声响个不停。偏偏就在这时，导师白川秀木教授要他做一个聚合多炔的平行实验。烦躁不安的大郎神魂颠倒地放入了比实际需要量多1 000倍的碘类催化剂，并委托他人照看，自己偷偷溜出去了。

樱花盛开，人流如织，跟女朋友在一起赏花自然心花怒放。然而，大郎心中总是有些惦记着那令他烦恼的实验。他知道如果出了差错，导师可不会饶了他。好不容易打发女朋友走后，大郎急忙赶回实验室。一看结果，他傻了眼！

实验产生的不是通常的多炔的黑色粉末，而是黑乎乎的不知什么东西。大郎简直快要哭出声来，导师知道后大发雷霆。

后来，导师与大郎一起处理坩埚时，白川秀木教授发现有一层银色薄膜，他从未见过此物，便小心地收集了起来。

不久，美国宾夕法尼亚大学的艾伦·麦克迪尔教授访问日本，白川秀木教授向他谈到了这件事，麦克迪尔很感兴趣，连声叫"OK！"在他的要求下，白川把那"银色薄膜"赠送了一片给这位美国同行。

麦克迪尔带着那片"银色薄膜"回到宾州后，随手一放也就忘了。时间过去了5

年，再也没有人提起那片怪异的东西。

1977年，麦克迪尔的一位老朋友、物理学教授艾伦·希格进行导电演示实验，他突然想起那片"银色薄膜"，要拿来试一试。通电一测量，这种掺碘的多炔竟然能够导电！麦克迪尔听后怎么也不相信。

塑料也会导电，这不是天方夜谭吗？后来，他们俩经过深入的实验研究，共同发表了一篇论文。为了慎重起见，他们又邀请白川秀木教授到宾夕法尼亚大学进行合作研究。结果，他们发现高分子聚合物在掺入一些特定的杂质后，具有良好的导电性。

塑料也能够导电。这一消息引起了世界的瞩目，震动了物理学家和化学家，从而引发了世界性的研究热潮。

高分子聚合物的导电研究，成了20世纪80年代以来最热门的研究领域之一。

现在，人们已将导电塑料电池及电容器安装在电脑上；可充电的导电塑料电池已经批量生产，它很可能将取代镍镉电池。

美国西格诺公司已经取得了导电塑料薄膜材料的专利，这种材料能强烈地吸收太阳中的红外辐射，被丰田公司安置于实验车上，以期达到冬天取暖的效果。

美国和日本的建筑商，正在着手设计一种最新型的住宅，通过门窗上的导电薄膜控制吸收太阳的热量，致使冬暖夏凉。

美国洛克希德公司正在设想制造全塑料飞机，以避免飞机遭雷击现象的发生。

俄亥俄州立大学的爱泼斯坦博士，正在

用导电薄膜设计一种可擦洗的计算机光盘，若设计制造成功，可极大地增加电脑的存储容量。

日本正在研制掺杂的多炔，已取得导电率超过铜的0.5倍的效果。如果制成塑料电线，将可节省大量的金属资源。

导电聚合物正向人们展示一个美好的未来。

功能服饰放异彩

　　自从人类穿上衣服的那天起,就梦想能穿上冬暖夏凉的衣服。

　　今天,神奇的高分子材料,将让人类梦想成真。

　　在高分子材料中,有一种具有能够对温

度变化作出反应的特性。用它制造织物，可生产出自动调节温度的服装。这种衣料纤维犹如装上了恒温器，在你感到冷的时候可使你暖和，在你感到热的时候可使你凉爽。

美国工业化学家蒂龙·维戈和约瑟夫，用聚乙二醇的液体处理普通织物，制成了一种特种织物。当温度升高时，织物吸收并储存热量，而当温度下降时，织物能释放出热量。美国奥林匹克滑雪运动队队员试穿了用这种织物制成的T恤衫，效果不错。

位于美国爱德华州西得梅因市的一家纽特拉塞姆公司，正在以高分子聚合物材料生产特种服装。

日本三井集团看好纽特拉塞姆公司的先进技术，不惜投入重金进行合作开发，他们对前景十分乐观。1991年东京博览会展出了他们生产的"滑雪服装系列产品"——滑雪衣、夹克衫、裤子、手套和鞋衬等。

根据跟踪调查，消费者普遍反映：用高分子聚合物处理的服装，吸水性强，透气性好，纤维不起球，熨烫后线条耐久，且具有抗静电的特性。

不久前，纽特拉塞姆公司又开发出一种可以产生微波的高分子材料手套。这种手套虽然很薄，但却能保持热量，有防止冻伤功效，深受滑雪、登山和野外工作人员的欢迎。

高分子服饰进入市场以后，使国际服装界形成了与艺术化潮流相抗衡的另一潮流，那就是功能化。

高分子材料姓"高"

在市场竞争日趋激烈的形势下，材料科学进入了向"陈旧笨重"挑战的新时代。

1985年秋，在某发达国家首都举办的规模浩大的科学博览会上，一家公司展示了别开生面的广告：用一根小手指粗的细绳吊着一辆汽车。

一些人都不敢从汽车下通过，怕它突然坠落下来。后来看到它安然无恙，无不称赞它："高，实在是高！"

原来，这根强劲的小绳是由碳纤维强化塑料制成的，它不仅可以轻松地吊起重型汽车，甚至可以在港口码头泊定一艘万吨轮船。

碳纤维强化塑料是由高分子聚合物与特种碳纤维制成的复合材料，其体积虽小，但强度特高。

日本新日铁化学工业公司成功地开发出一种黏结的树脂，主要成分是聚酰亚胺。这是一种性能优异的高分子材料，耐热度超过300℃，将其制成挠性电路板，一举克服了传统电路板在高温下焊点熔化的弊病。

在日美联合开发的下一代FSX型战斗机上，使用了一种复合材料，能极大地提高战斗机的性能和战斗力。

日本电气公司开发出一种崭新的结构材料，它能够控制人造卫星和火箭发射时产生的振动。日本川崎重工和川崎制铁所研制成功的高强度超耐热复合材料，能耐1 700℃的高温。

1990年，日本设立了"官、产、学"（即政府、企业和高等学校三方）一体化的"超高温材料研究中心"，专门以研究开发耐超高温材料为目标，近几年来已经取得重大进展。

人类生命的"护卫神"

近几年来,高分子材料的研究已经深入到生命健康领域,正在成为人类生命的"护卫神"。

在生物医学中高分子最早进入的领域,是20世纪40年代用聚合物作为牙科材料。现在已经发展成为一个全新的领域——生物医用高分子科学。

美国科学家成功地合成了高分子人造皮肤，替代真正的皮肤进行移植。实验证明，人体其他器官如骨骼、软骨、肌腱、角膜与心脏瓣膜等，也都能用合成高分子的制品代替。

早在1970年，由高分子材料制成的人工内植心脏已经在小牛身上试用，创造了存活两周的纪录。现在，存活时间已经增加到最初的十几倍。

日本齐翁公司和爱新精机工业公司同东京大学医学部合作，已开发出辅助人造心脏，正在小批量生产。人体内植入一个高分子材料心脏的日子已经为期不远了。

据专家学者们预测，不久的将来，包括心脏、肾脏和血管在内的大部分人体器官，都有希望由功能高分子材料来制造。

进入20世纪90年代以来，日本加大了生物医用高分子研究的力度，力争抢占技术的制高点。东京工业大学相泽益男教授进行的人工胰脏新技术研究，已达到相当高的水平。全世界有数以千万计的糖尿病患者，长期依赖胰岛素，更换人工胰脏是治疗糖尿病的理想方法。目前，相泽益男教授和研究人员已研制出相当不错的样机。人工脏器的一场革命即将到来。

肾病是人类健康的大敌。最早的人工肾是荷兰医生科尔夫（W.Kolff）在1943年发明的。现在，人工肾已经变成一个轻盈灵巧的装置，每月一换，可完全取代人肾的作用。目前，估计世界上已经有10万以上的肾病患者使用了人工肾，时间最长的已达10年。

走进高分子新时代

当我们纵横观览了高分子科学领域发现和发明的故事之后,会不会产生一股登高远望的豪迈之气?

它有一个壮丽辉煌的过去,更会有一个多彩繁荣的未来。

当今，世界各国都高度重视发展高分子科学，大力增加资金的投入，在政策上实行鼓励、支持和强化措施。据估计，美国科学家中有一半以上正在从事高分子科学研究，如果把研究高分子材料的科学家也计算在内的话，这一比例将高达70%。美国目前已稳居高分子王国世界第一。

在法国，科技资源的总投入中约有1/3用于高分子科学的发展。

我国政府和科学家们也十分重视高分子材料的研究。早在1962年，就制定了"新材料专案"战略方针，保证了"两弹一星"的成功。改革开放以来，更加大了发展材料科学的投入，一个崭新的局面正在出现。

据权威专家分析，今后高分子科学的发

展有如下四大趋势：

1. 高分子材料的研究日益成为发展的核心。

20世纪20年代，人工合成的材料每年产量不足10万吨；到20世纪50年代中期，增加到300万吨；目前仅高分子材料一项，年产量就已超过1.4亿吨。现在，世界上已有800多万种人工合成化合物，它们都是高分子合成材料的重要原料，而且每年还以25万种的速度增长。

2. 高分子复合材料将居于发展的主导地位。

高分子复合材料大多具有奇异的性能——高强度、密度小、弹性模量高和良好的温度特性，很受消费者的欢迎。

复合材料的特殊功能如导电性、抗腐蚀性和抗机体排异能力等，是其他材料无法比拟的。目前仅美国就有30余万人移植了带有这种材料的心脏起搏器。

3. 大力开发研制具有人工智能的高分子材料。

它可作为生物材料的细胞，使其本身具有智能，能够适应外部的变化，自动进行增殖、修补和代谢，这些神奇而美好的前景，将大大激发人们的想象力。

目前，大力开发生物传感器，并将其与生物计算机连接起来，正在成为当代最前沿的科学技术。

4. "分子工程学"的兴起将成为现实。

现在，科学家正在根据人类社会的需

要，结合电子计算机的辅助作用，在分子与亚分子的水平上，设计具有独特功能的高级材料——"分子工程设计"。人类在遵循物质结构规律的前提下，正在跨进"随心所欲"地合成研制新材料的时代。

在当今市场经济的时代，高分子科技领域中必将出现日益激烈的竞争！

荣誉与机遇同在，光明与胜利永远属于进取不懈的人们！

世界五千年科技故事丛书

01. 科学精神光照千秋 ： 古希腊科学家的故事
02. 中国领先世界的科技成就
03. 两刃利剑 ： 原子能研究的故事
04. 蓝天、碧水、绿地 ： 地球环保的故事
05. 遨游太空 ： 人类探索太空的故事
06. 现代理论物理大师 ： 尼尔斯·玻尔的故事
07. 中国数学史上最光辉的篇章 ： 李冶、秦九韶、杨辉、朱世杰的故事
08. 中国近代民族化学工业的拓荒者 ： 侯德榜的故事
09. 中国的狄德罗 ： 宋应星的故事
10. 真理在烈火中闪光 ： 布鲁诺的故事
11. 圆周率计算接力赛 ： 祖冲之的故事
12. 宇宙的中心在哪里 ： 托勒密与哥白尼的故事
13. 陨落的科学巨星 ： 钱三强的故事
14. 魂系中华赤子心 ： 钱学森的故事
15. 硝烟弥漫的诗情 ： 诺贝尔的故事
16. 现代科学的最高奖赏 ： 诺贝尔奖的故事
17. 席卷全球的世纪波 ： 计算机研究发展的故事
18. 科学的迷雾 ： 外星人与飞碟的故事
19. 中国桥魂 ： 茅以升的故事
20. 中国铁路之父 ： 詹天佑的故事
21. 智慧之光 ： 中国古代四大发明的故事
22. 近代地学及奠基人 ： 莱伊尔的故事
23. 中国近代地质学的奠基人 ： 翁文灏和丁文江的故事
24. 地质之光 ： 李四光的故事
25. 环球航行第一人 ： 麦哲伦的故事
26. 洲际航行第一人 ： 郑和的故事
27. 魂系祖国好河山 ： 徐霞客的故事
28. 鼠疫斗士 ： 伍连德的故事
29. 大胆革新的元代医学家 ： 朱丹溪的故事
30. 博采众长自成一家 ： 叶天士的故事
31. 中国博物学的无冕之王 ： 李时珍的故事
32. 华夏神医 ： 扁鹊的故事
33. 中华医圣 ： 张仲景的故事
34. 圣手能医 ： 华佗的故事
35. 原子弹之父 ： 罗伯特·奥本海默
36. 奔向极地 ： 南北极考察的故事
37. 分子构造的世界 ： 高分子发现的故事
38. 点燃化学革命之火 ： 氧气发现的故事
39. 窥视宇宙万物的奥秘 ： 望远镜、显微镜的故事
40. 征程万里百折不挠 ： 玄奘的故事
41. 彗星揭秘第一人 ： 哈雷的故事
42. 海陆空的飞跃 ： 火车、轮船、汽车、飞机发明的故事
43. 过渡时代的奇人 ： 徐寿的故事

世界五千年科技故事丛书

44. 果蝇身上的奥秘：摩尔根的故事
45. 诺贝尔奖坛上的华裔科学家：杨振宁与李政道的故事
46. 氢弹之父——贝采里乌斯
47. 生命，如夏花之绚烂：奥斯特瓦尔德的故事
48. 铃声与狗的进食实验：巴甫洛夫的故事
49. 镭的母亲：居里夫人的故事
50. 科学史上的惨痛教训：瓦维洛夫的故事
51. 门铃又响了：无线电发明的故事
52. 现代中国科学事业的拓荒者：卢嘉锡的故事
53. 天涯海角一点通：电报和电话发明的故事
54. 独领风骚数十年：李比希的故事
55. 东西方文化的产儿：汤川秀树的故事
56. 大自然的改造者：米秋林的故事
57. 东方魔稻：袁隆平的故事
58. 中国近代气象学的奠基人：竺可桢的故事
59. 在沙漠上结出的果实：法布尔的故事
60. 宰相科学家：徐光启的故事
61. 疫影擒魔：科赫的故事
62. 遗传学之父：孟德尔的故事
63. 一贫如洗的科学家：拉马克的故事
64. 血液循环的发现者：哈维的故事
65. 揭开传染病神秘面纱的人：巴斯德的故事
66. 制服怒水泽千秋：李冰的故事
67. 星云学说的主人：康德和拉普拉斯的故事
68. 星辉月映探苍穹：第谷和开普勒的故事
69. 实验科学的奠基人：伽利略的故事
70. 世界发明之王：爱迪生的故事
71. 生物学革命大师：达尔文的故事
72. 禹迹茫茫：中国历代治水的故事
73. 数学发展的世纪之桥：希尔伯特的故事
74. 他架起代数与几何的桥梁：笛卡尔的故事
75. 梦溪园中的科学老人：沈括的故事
76. 窥天地之奥：张衡的故事
77. 控制论之父：诺伯特·维纳的故事
78. 开风气之先的科学大师：莱布尼茨的故事
79. 近代科学的奠基人：罗伯特·波义尔的故事
80. 走进化学的迷宫：门捷列夫的故事
81. 学究天人：郭守敬的故事
82. 攫雷电于九天：富兰克林的故事
83. 华罗庚的故事
84. 独得六项世界第一的科学家：苏颂的故事
85. 传播中国古代科学文明的使者：李约瑟的故事
86. 阿波罗计划：人类探索月球的故事
87. 一位身披袈裟的科学家：僧一行的故事